Edgardo Roggero

Reconstrução eficiente de acidentes de viação

Edgardo Roggero

Reconstrução eficiente de acidentes de viação

Inovação tecnológica para uma investigação forense mais precisa

ScienciaScripts

Imprint

Cover image: www.ingimage.com

This book is a translation from the original published under ISBN 978-613-9-40851-1.

Publisher:
Sciencia Scripts
is a trademark of
Dodo Books Indian Ocean Ltd. and OmniScriptum S.R.L publishing group

120 High Road, East Finchley, London, N2 9ED, United Kingdom
Str. Armeneasca 28/1, office 1, Chisinau MD-2012, Republic of Moldova, Europe
Printed at: see last page
ISBN: 978-620-8-22043-3

Conteúdo

PRÓLOGO 3
CAPÍTULO 1 5
CAPÍTULO 2 9
CAPÍTULO 3 21
CAPÍTULO 4 28
Conclusões 48
ANEXOS 50
REFERÊNCIAS 61

À Sónia, minha companheira de vida e mãe maravilhosa dos nossos filhos.

PRÓLOGO

A essência deste livro remonta aos meus primeiros dias numa empresa de conceção de máquinas e estruturas, ao mesmo tempo que me licenciava em engenharia. À medida que avançava nos meus estudos, descobri o empolgante campo da otimização de sistemas, uma disciplina que me foi apresentada por um professor que tinha desempenhado um papel de liderança no desenvolvimento do icónico avião supersónico Concorde.

Esta descoberta transformou a minha abordagem profissional. Perguntei-me como tinha sido capaz de projetar sem conhecer estas técnicas avançadas, e esta reflexão mudou radicalmente a minha perspetiva: passei da criação de projectos simplesmente viáveis para o desenvolvimento de soluções verdadeiramente optimizadas. A otimização cativou-me desde o início e concentrei-me nas técnicas discretas, um domínio que, graças ao poder crescente dos computadores, oferecia novas possibilidades impressionantes.

Ao combinar estes princípios de otimização com a minha experiência em reconstrução aeroespacial e forense, desenvolvi uma metodologia que transforma a reconstrução de acidentes. Esta metodologia permite que os profissionais validem com precisão as suas hipóteses sobre o desenvolvimento do acidente, garantindo que os parâmetros associados são tecnicamente sólidos e indiscutíveis. Como resultado, a apresentação de provas é reforçada, contribuindo para um sistema de justiça mais justo e eficiente, com conclusões apoiadas em bases matemáticas sólidas.

Este livro apresenta uma metodologia rigorosa e sistemática para a reconstrução de acidentes, oferecendo uma ferramenta valiosa tanto para os profissionais como para os interessados na análise forense de acidentes rodoviários.

Ao longo destas páginas, o leitor encontrará não só uma descrição teórica, mas também um estudo de caso para facilitar a compreensão e a aplicação da metodologia apresentada. O objetivo principal é que este livro não sirva apenas como um recurso de referência, mas que se torne um companheiro constante para aqueles que procuram desvendar a verdade por detrás de cada acidente.

Esperamos que este esforço, que integra teoria e prática, sirva de guia para profissionais, estudantes e todos os interessados no fascinante e crucial domínio da reconstrução de acidentes rodoviários.

CAPÍTULO 1

INTRODUÇÃO

1.1 Geral

Os métodos tradicionais de reconstrução de acidentes, apesar da sua utilidade, têm certas limitações. Para ultrapassar estas limitações, este livro propõe uma metodologia inovadora, notável pela sua abordagem holística, simplicidade e exatidão. Ao combinar a experiência do perito com modelos matemáticos simples, obtém-se uma representação realista e cientificamente fundamentada do evento, sem necessidade de recorrer a software complexo, tornando o processo de reconstrução de acidentes mais eficiente em termos da qualidade dos resultados versus os recursos investidos.

1.2 Definições

Acidente de viação: Um acidente de viação é um acontecimento imprevisto que ocorre normalmente na via pública, envolvendo pelo menos um veículo e provocando danos materiais, ferimentos ou mesmo a perda de vidas. A etiologia dos acidentes rodoviários é multifatorial e pode ser atribuída a factores humanos, veiculares e ambientais, actuando isoladamente ou em combinação.

Reconstrução de um acidente de viação: A reconstrução de um acidente de viação é um processo científico que envolve uma análise exaustiva das provas físicas e testemunhais para determinar a sequência dos acontecimentos, identificar as causas subjacentes ao acidente e avaliar a responsabilidade de cada interveniente. Através da aplicação de princípios físicos e matemáticos, procura-se recriar objetivamente o que aconteceu.

***Perito*:** No presente texto, a pessoa responsável pela reconstituição do acidente rodoviário será designada por perito.

***Parte interessada*:** a parte que solicita e financia a reconstrução do acidente a efetuar pelo perito.

1.3 Principais aplicações

A necessidade de identificar as causas de um acidente rodoviário pode surgir tanto de pessoas singulares como de pessoas colectivas, motivadas pelo interesse em compreender os factores que efetivamente contribuíram para a sua ocorrência. São elas as autoridades, os juízes, os advogados, os organismos públicos, as empresas privadas e até os particulares.

As principais aplicações que motivam esta necessidade são enumeradas a seguir:

- Processos judiciais de responsabilidade civil (quando apenas estão em causa danos económicos)
- Processos judiciais de responsabilidade penal (geralmente envolvendo ferimentos ou, nalguns casos, a morte de pessoas)
- Melhoria das normas de qualidade/segurança (frequentemente exigidas por empresas do sector automóvel e/ou instituições relacionadas).
- Simples conhecimento dos factos (normalmente exigido por entidades privadas)

1.4 Resultados da reconstrução

Ao efetuar a reconstituição de um acidente, a Parte Interessada que solicita o processo espera geralmente obter as seguintes informações

- Qual foi a contribuição de cada fator (humano, veicular e ambiental) na produção do evento.
- Posições e velocidades dos veículos, bem como de outros possíveis intervenientes, em cada momento-chave da dinâmica do acidente, especialmente no início do acidente (ver Figura 1.1 para um exemplo).

Figura 1.1: Posições e velocidades durante um acidente

Dependendo dos seus objectivos, as partes interessadas podem também exigir

(entre outros)

- Uma explicação clara da origem de cada dano, incluindo o momento da ocorrência (antes, durante ou após o acidente). Se o dano tiver ocorrido durante o acidente, o momento específico em que ocorreu deve ser identificado na sua sequência de acontecimentos (ver Figura 1.2).
- Descrição da estratégia de condução do condutor.
- Em que condições poderia o acidente ter sido evitado ou as suas consequências minimizadas?

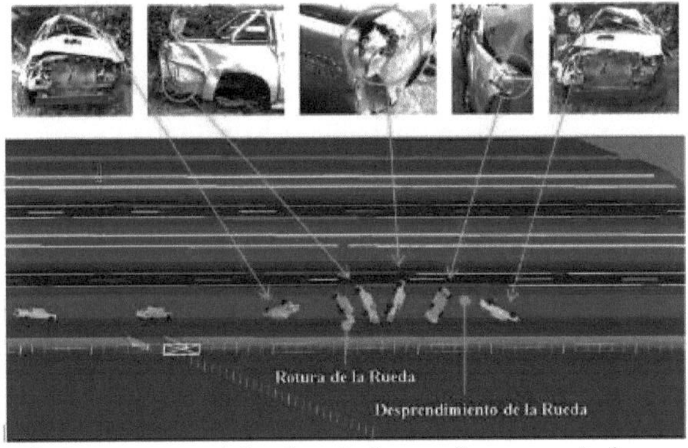

Figura 1.2: Correlação entre as posições do veículo e os danos no veículo

1.5 Níveis de reconstrução

A reconstrução de um acidente rodoviário será tanto mais representativa dos factos reais quanto mais aprofundados e pormenorizados forem os estudos efectuados. A qualidade de uma reconstituição é, por conseguinte, função de três parâmetros principais:

- Qualidade e volume das informações disponíveis sobre o acidente a analisar.
- Competência, experiência e dedicação do profissional responsável pela reconstrução.
- Qualidade e quantidade dos recursos/meios utilizados (incluindo ferramentas computacionais como software de reconstrução de acidentes de viação ou programas de elementos finitos, referências bibliográficas específicas, entre outros).

Com base nestas considerações, podem ser identificados quatro níveis de reconstrução. Quanto mais elevado for o nível, mais exacta e fiável é a correspondência com os acontecimentos reais:

Nível 1: A reconstrução baseia-se em

apenas com base na apreciação e experiência do perito (sem efetuar quaisquer cálculos).

Nível 2: Com base em cálculos simples,

utilizando essencialmente formulações baseadas nos princípios físico-matemáticos da conservação da energia e da quantidade de movimento.

Nível 3: São utilizados cálculos complexos através da análise de

sequência de danos passo a passo; utilizando software específico de reconstrução de acidentes (PC-CrashTM, Virtual CRASH, entre outros) e também aplicações gerais aplicadas a questões específicas do caso em análise (por exemplo, programas baseados em técnicas de elementos finitos, entre outros).

Nível 4: Verificação experimental do caso a ser

está a analisar (normalmente, baseia-se na repetição de algum acontecimento do acidente para validar uma hipótese, confirmar alguns dados e/ou estabelecer alguma conclusão).

Por último, é importante notar que a classificação acima descrita está intimamente ligada ao custo e ao esforço investido na reconstrução. Embora a reconstrução tenha sido dividida em quatro níveis, estes não são compartimentos estanques; um caso específico pode exigir elementos de mais do que um nível, consoante as suas necessidades.

CAPÍTULO 2

PROCESSO DE RECONSTRUÇÃO

2.1 Descrição sintética do processo

A reconstituição de um acidente rodoviário procura responder, de forma precisa e objetiva, a três questões fundamentais (através de uma análise técnica e cronológica rigorosa das informações disponíveis). Estas questões são:

a) (O que aconteceu?

b) (Como é que isso aconteceu?

c) (Porque é que isto aconteceu?

Quanto mais elevado for o Nível de Reconstrução utilizado, mais precisa, detalhada e fiável será a resposta.

Embora a metodologia descrita neste livro aborde as três questões, o principal objetivo do livro é apresentar uma abordagem de base matemática para estabelecer, de forma científica, o que aconteceu e como se desenrolaram os acontecimentos durante o acidente, dada a sua extensão, não aborda em pormenor a forma de determinar as causas subjacentes ao acidente.

A Figura 2.1 apresenta um fluxograma que resume a sequência e inter-relação de passos recomendados para a reconstrução eficiente de um acidente rodoviário de Nível 2. Este nível foi escolhido porque a qualidade das suas conclusões é suficiente para resolver a grande maioria dos casos práticos e porque maximiza a relação: *qualidade dos resultados / recursos investidos*. É de salientar que os resultados obtidos não seriam alterados se fossem utilizados níveis de reconstrução mais elevados, apenas se disporia de informação complementar e/ou de um maior grau de pormenor.

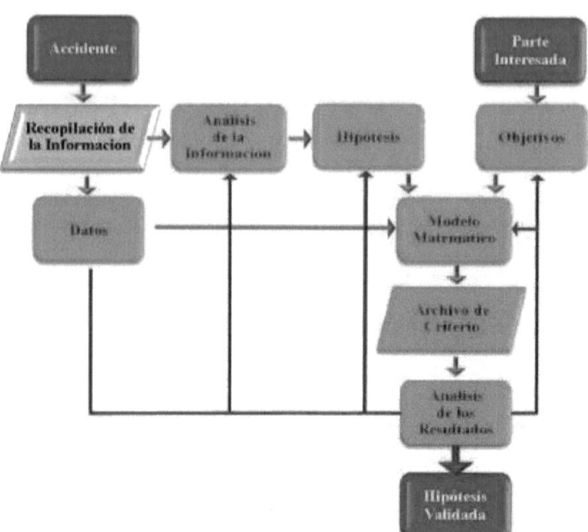

Figura 2.1: Processo de reconstrução

Como se pode ver na figura, após o acidente, o perito deve recolher toda a informação acessível o mais rapidamente possível, a fim de evitar a perda ou a degradação da informação. Posteriormente, deve analisá-las para poder formular uma hipótese capaz de explicar como ocorreu o acidente.

Na parte superior da figura existe uma caixa denominada Parte Interessada, que representa o requerente da reconstituição (Juiz, Advogado, Empresa, Instituição, etc.) e, consequentemente, é quem define e/ou propõe os objectivos da reconstituição. Estes descrevem o que se pretende saber especificamente, por exemplo: velocidades, trajectórias, instante da dinâmica em que ocorre o dano, etc. Durante a formulação da hipótese, o perito - condicionado pela pessoa que requer os seus serviços - deve ter em conta estes objectivos, que estão normalmente associados às questões a responder no processo judicial em que o acidente está a ser tratado.

Para validar a hipótese e atingir os objectivos definidos, o perito deve criar um modelo matemático, que deve ser alimentado com os dados disponíveis para obter os valores de cada parâmetro de interesse.

Este modelo matemático, quando resolvido, fornece um conjunto de soluções viáveis que são apresentadas por ordem no "Ficheiro de Critérios". Estas soluções viáveis são ordenadas da supostamente melhor para a supostamente pior, de acordo com os critérios estabelecidos pelo perito. Estas soluções são analisadas e, se forem totalmente coerentes com a informação disponível, a hipótese será aceite como a explicação mais provável dos factos. Caso contrário, deve ser descartada ou, pelo menos, reformulada, reiniciando um novo ciclo a partir do ponto mais adequado (por exemplo, requerendo dados adicionais ou mais precisos; analisando a informação a partir de outra abordagem, redefinindo os parâmetros de interesse, as hipóteses, os objectivos e/ou o modelo matemático. Este processo iterativo termina com a identificação da hipótese que explica todos os acontecimentos do acidente e que é coerente com todas as informações disponíveis, podendo então afirmar-se que esta hipótese foi validada.

2.2 Compilação de informações

2.2.1 Organização da informação

Para uma melhor organização da informação durante a reconstrução de um acidente rodoviário, é conveniente utilizar uma matriz de Haddon especificamente concebida para o efeito. Esta matriz é composta por linhas que representam os factores envolvidos e por colunas que indicam os momentos em que esses factores devem ser analisados. Sendo os três factores fundamentais: Humano, Veículo e Ambiente, estes factores devem ser analisados em três períodos específicos: Antes do Acidente, Durante o Acidente e Após o Acidente.

		PERÍODO DE AVALIAÇÃO		
		Pré-acidente	**Durante o acidente**	**Pós-acidente**
FACTOR	**Humano**	**A**	**B**	**C**
	Veículos	**D**	**E**	**F**
	Ambiental	**G**	**H**	**I**

Quadro 2.1: Matriz de Haddon

A associação entre os factores e os períodos acima referidos dá origem a nove combinações diferentes, que são apresentadas a cores no Quadro 1.1. Quanto mais escura for a tonalidade, maior é a sua relevância no processo de reconstrução, o que significa que deve ser feito um esforço acrescido para identificar com precisão e detalhe a informação correspondente.

Segue-se um exemplo do tipo de informação que deve ser recolhida em cada caixa:

A. Experiência de condução do(s) condutor(es), inteligência, saúde, fadiga, tempo de condução, consumo de álcool, infracções ao código da estrada, estratégia de condução, etc.

B. Capacidade de se aperceber de perigos potenciais, capacidade de definir tácticas de evasão, modo como agiu em particular durante o acidente, etc.

C. Avaliação do estado do condutor, das testemunhas e dos passageiros após o acidente, a fim de avaliar os seus depoimentos, lesões, nível de álcool, etc.

D. Estado do veículo antes do acidente, idade, falta de manutenção, pneus gastos, luzes defeituosas, danos mecânicos, etc.

E. Danos provocados durante o acidente, tanto mecânicos como da carroçaria, riscos/marcas, detritos de raspão, perda de fluidos, etc.

F. Avaliação do estado do veículo após o acidente, a fim de dispor de informações objectivas, do estado de conservação do veículo e do estado do veículo.

após o evento, etc.

G. Estado da estrada/estrada antes do acidente, sinalização, visibilidade, iluminação, iluminação, semáforos, semáforos, trânsito, buracos, etc.

H. Condições atmosféricas, condições da estrada, sinalização, tráfego, objectos na estrada, condições da berma, declives, etc.

I. Avaliação das alterações no ambiente para as tornar compatíveis com as existentes no momento do acidente, etc.

2.2.2 Fontes de informação

Para completar esta matriz, estão disponíveis fontes de informação que podem ser classificadas em três categorias, de acordo com a sua origem: Externa (informação específica do caso em análise que não é gerada pelo reconstrucionista); Interna (aquela que o perito recolhe pessoalmente) e Geral (aquela que provém de referências bibliográficas relevantes, tanto especializadas como genéricas).

<u>- Fontes externas</u>

Estes incluem:

- Esboços/perícia da autoridade competente
- Esboços/experiências/relatórios de outros peritos
- Fotografias e/ou vídeos do acidente (locais,

estado e posição dos veículos, etc.)

- Declarações das pessoas envolvidas (condutores, passageiros, testemunhas)

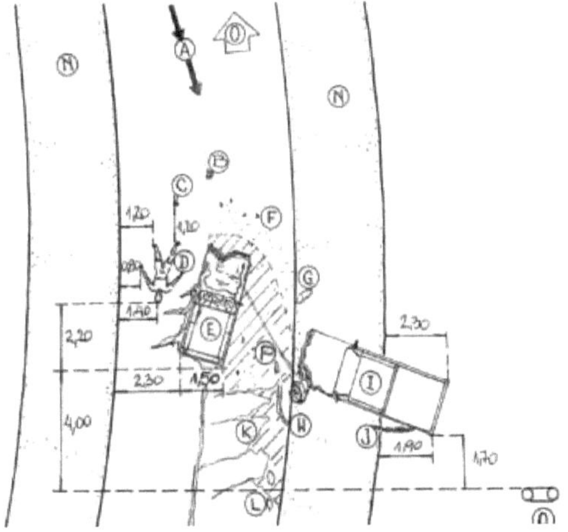

A. Seta que indica a direção do tráfego e a trajetória do veículo
B. Restante da película de polarização.
C. Apoio de cabeça.
D. Corpo sem vida de Selin Pablo Salma.
E. Marca de automóvel: Toyota, modelo: Etios
F. Resto de acrílicos y óculos trisée.
G. Resto dos acrílicos.
H. Resto do para-choques da carrinha.
I. Marca de camioneta: Fiat, modelo: Toro
J. Via da roda traseira esquerda da carrinha pick-up.
K. Zona com riscas verdes, representando uma mancha de s/óleo.
L. Outros ópticos.

M. Setas que indicam o sentido de rotação do camião

N. Bancos .

O. Setas que indicam a direção de circulação da artéria.

P. Impressão de efracções, impressa nas partes inferiores da carrinha.

Q. Postes duplos de cimento da linha de eletricidade com a inscrição C.

Figura 2.2 - Exemplo de um esboço policial com referências

Os esboços/experiências da autoridade competente são fundamentais para a definição de trajectórias, velocidades e possíveis autores, mas condicionam e/ou complicam a realização de uma análise adequada, em especial se apresentarem uma ou mais das seguintes caraterísticas

- ✓ Falta de precisão
- ✓ Falta de balanças
- ✓ Ausência de medidas e/ou dados importantes
- ✓ Informações incorrectas e/ou contraditórias

Apesar destas limitações, o retrato falado policial tem a utilidade de servir de base (quando complementado por outras evidências como fotografias, depoimentos, etc.) para a construção de hipóteses que confirmem ou refutem as versões dos envolvidos e/ou testemunhas, com o objetivo de identificar as caraterísticas primárias do acidente com base em informações consistentes e verificáveis.

Fontes internas

Estas incluem informações obtidas através de:

- Inspeção ocular Veículos
- A inspeção visual do local do acidente
- Outros pontos de interesse

A menos que existam limitações graves, o perito visitará o local do acidente para efetuar uma análise forense do ambiente. Também irá - se possível - inspecionar os veículos para identificar os danos sofridos pelas unidades. É nestas actividades que o perito tem de atuar de forma eficiente, uma vez que tanto o ambiente como os veículos podem ter sofrido alterações ou, eventualmente, ter sido adulterados desde o momento do acidente. Essas inspeções também permitem validar e/ou evidenciar erros ou omissões nas informações obtidas de fontes externas.

O contraste entre as fotografias que se seguem é a prova das modificações que um veículo sofreu desde o momento do impacto até à inspeção pelos peritos.

Fotografias 2.1: Diferenças na parte frontal entre o momento do acidente e a inspeção ocular

Fotografias 2.2: Diferenças na posição do encosto do banco entre o momento do acidente e a inspeção do veículo

entre o momento do acidente e a inspeção do veículo

Fotografias 2.3: Diferenças nas portas esquerdas entre o momento do acidente e a inspeção

do veículo

momento do acidente e a inspeção do veículo

Figura 2.4: Sinal de velocidade máxima

(omitido da informação externa)

<u>Fonte geral</u>

- Bibliografia especializada
- Bibliografia geral
- Todos os outros materiais de interesse

Nesta fase, será considerada toda a informação bibliográfica relevante para efetuar a reconstituição do acidente. A bibliografia especializada inclui Manuais de Reconstrução de Acidentes de Viação, regulamentos e artigos científicos aplicáveis ao caso em estudo.

Além disso, dependendo do caso analisado, pode ser necessário recorrer a bibliografia específica ou genérica que se aplique a pormenores particulares, como manuais de fractomecânica, estudos sobre o impacto do álcool na condução, entre muitas outras fontes que o perito deve consultar para cumprir adequadamente a sua tarefa.

2.3 Análise da informação

O perito em reconstrução de acidentes analisará e organizará meticulosamente todas as informações recolhidas sobre o caso. Estas incluem fotografias e/ou vídeos do local da colisão, relatórios policiais, declarações das partes envolvidas e testemunhas, relatórios de peritos, o estado dos veículos após o impacto, caraterísticas do local do acidente, relatórios médicos e quaisquer outros dados relevantes para a análise.

Durante este processo, o perito estruturará a informação, procurando padrões, identificando possíveis inconsistências ou contradições e avaliando cada elemento com uma abordagem crítica.

Esta análise detalhada não só lhe dará uma melhor compreensão dos factos, como também lhe fornecerá a base para formular uma hipótese sólida que descreva a forma como o acidente se pode ter desenrolado.

2.4 Hipótese

Uma vez concluída a análise acima referida, o especialista concentrar-se-á na integração de todas as informações obtidas antes, durante e após a colisão para compreender a dinâmica do acidente de uma forma abrangente. Este processo permitir-lhe-á identificar os possíveis factores causais que contribuíram para o acontecimento. A partir desta avaliação, o perito procederá à formulação de várias hipóteses que, na sua opinião profissional, podem explicar as diferentes versões do acidente, uma vez que é comum as partes envolvidas apresentarem relatos contraditórios. Estas hipóteses consistem normalmente numa descrição pormenorizada da sequência dos acontecimentos, desde os momentos que antecederam o desenvolvimento do acidente, e devem ser coerentes, tendo em conta todos os elementos disponíveis, como os danos no veículo, as condições da estrada, as velocidades estimadas e o comportamento do condutor.

Cada hipótese será objeto de um tratamento posterior que permitirá ao perito avaliar o seu grau de validade e explicar às partes interessadas a solidez de cada hipótese. Esta interpretação será apoiada por princípios científicos objectivos e incontestáveis, resultando numa visão clara e fundamentada do acidente no final do processo proposto.

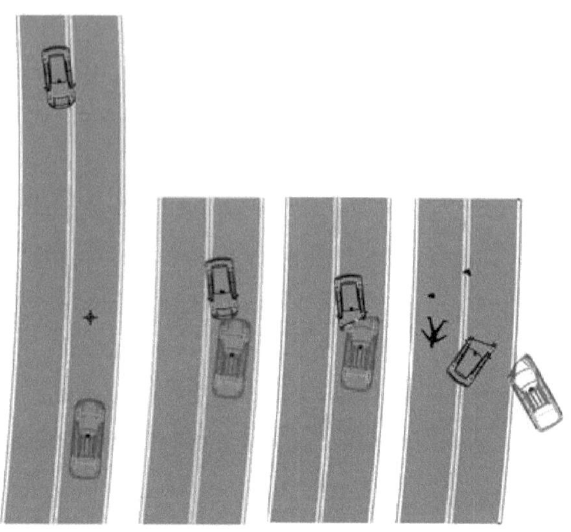

Figura 2.3: Exemplo da sequência de eventos de uma hipótese

2.5 Modelo matemático

Com base nas hipóteses formuladas e nos objectivos definidos pelo interessado, o perito procederá à elaboração de um modelo matemático que as represente, o qual será composto por um conjunto de equações que descrevem a dinâmica do acidente de acordo com as hipóteses formuladas, baseadas nomeadamente nos princípios da conservação da energia e da quantidade de movimento, e complementadas por equações da dinâmica e cinemática dos corpos, entre outras.

No entanto, como é do conhecimento dos especialistas em reconstrução de acidentes rodoviários, os valores de todas as variáveis envolvidas raramente são conhecidos com exatidão. Além disso, estes modelos matemáticos têm muitas vezes mais variáveis do que equações, o que conduz geralmente a soluções múltiplas ou indeterminadas, acrescentando complexidade ao processo e exigindo um tratamento rigoroso que a metodologia proposta permite resolver.

Na solução convencional, o perito resolve este inconveniente atribuindo valores estimados a algumas das variáveis, com o objetivo de obter um determinado sistema de equações (em que o número de equações é igual ao número de incógnitas). No entanto, esta estratégia é deixada ao critério de cada perito, o que pode conduzir a uma solução com um risco considerável de não estar em conformidade com a realidade e/ou de ser inconsistente.

Para colmatar este inconveniente com rigor científico, foi desenvolvida a metodologia que motivou a redação deste trabalho, a qual, ao contrário da abordagem convencional, não atribui valores estimados a algumas das incógnitas, mas acrescenta uma equação (funcional) para maximizar ou minimizar conforme o caso a resolver.

Os pormenores sobre a abordagem e a aplicação desta metodologia são descritos nos capítulos 3 e 4.

2.6 Arquivo de critérios

Através da metodologia proposta, o modelo matemático é resolvido, identificando todas as soluções viáveis, que são armazenadas num ficheiro. Posteriormente, essas soluções são ordenadas da melhor para a pior, de acordo com os critérios definidos pelo especialista, e capturadas matematicamente no funcional.

Este ficheiro, designado por "Ficheiro de Critérios", servirá de base para a identificação da solução mais adequada, garantindo a sua coerência com a informação disponível.

2.7 Análise dos resultados

A informação contida no Ficheiro de Critérios será analisada pelo perito, considerando todas as circunstâncias que o modelo matemático não reflecte, quer pelas suas limitações inerentes, quer por não terem sido contempladas na análise inicial.

Uma vez analisado o Ficheiro de Critérios, o perito deve tomar uma decisão, com base nos seguintes critérios quando os resultados forem totalmente coerentes com a informação disponível e com o julgamento do perito, a hipótese será aceite como a explicação mais provável dos factos; caso contrário, deverá ser descartada ou, pelo menos, reformulada, reiniciando um novo ciclo a partir do ponto mais adequado (por exemplo, requerendo dados adicionais ou mais precisos; analisando a informação a partir de outra abordagem, redefinindo os parâmetros de interesse, as hipóteses, os objectivos e/ou o modelo matemático). Esta decisão é designada por Decisão Satisfatória.

Para ilustrar uma possível Decisão Satisfatória, suponhamos que o perito observou que os coeficientes de atrito entre o veículo e o pavimento eram invulgarmente baixos. Neste caso, o perito poderia inferir que o pavimento estava molhado ou contaminado com óleo no momento do acidente. Para confirmar esta hipótese, o perito consultaria registos meteorológicos, entrevistaria testemunhas e/ou faria medições no local dos coeficientes de atrito, em vez de se basear apenas em valores da literatura.

2.8 Hipótese validada

O processo descrito no ponto anterior será repetido iterativamente até se encontrar uma solução em que os parâmetros utilizados - após um processo de convergência adequado - sejam totalmente coerentes com as evidências disponíveis e os critérios do perito. Desta forma, a hipótese será confirmada e os valores dos parâmetros procurados serão obtidos. Pode então afirmar-se que a hipótese foi validada e que se obteve uma solução que representa de forma excelente e fiável os acontecimentos ocorridos durante o acidente. Esta solução deve ser documentada de forma exaustiva e será incluída nos relatórios de peritagem correspondentes.

CAPÍTULO 3

DO MODELO MATEMÁTICO À ANÁLISE DOS RESULTADOS

3.1 Introdução

Este capítulo descreve a implementação computacional do Modelo Matemático para obter o espaço de soluções viáveis, que será estruturado no Ficheiro de Critérios. Posteriormente, procederemos à análise dos resultados contidos neste ficheiro. A Figura 3.1 destaca os três blocos abordados neste capítulo.

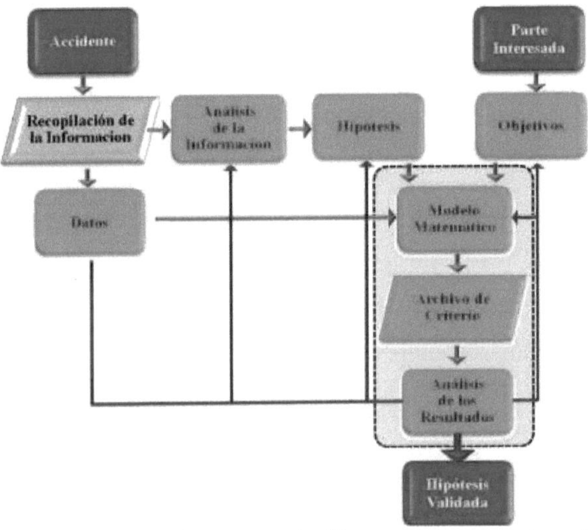

Figura 3.1: Processo de reconstrução (blocos abordados neste capítulo)

3.2 Modelo matemático

Consistirá num conjunto de equações que representam a dinâmica do acidente, juntamente com uma equação funcional a maximizar ou minimizar. A solução deste tipo de modelo é análoga à de um problema de otimização multivariável com restrições.

3.2.1 Limitações da solução analítica

Embora, de um ponto de vista teórico, a solução analítica do modelo matemático seja uma alternativa válida, na prática, e especialmente na reconstrução de acidentes rodoviários, apresenta uma série de limitações significativas:

- A otimização nestes casos envolve normalmente a resolução de sistemas de equações não lineares envolvendo funções trigonométricas.
- A resolução analítica destes sistemas exige o tratamento de sistemas de equações diferenciais não lineares, o que só é viável através de métodos numéricos, que frequentemente apresentam problemas de convergência.
- As equações (funções) devem ser contínuas e deriváveis, o que nem sempre é o caso das variáveis envolvidas na reconstrução de acidentes, onde ocasionalmente algumas das variáveis ocorrem em saltos discretos.
- As soluções obtidas analiticamente também não exprimem claramente a sensibilidade do resultado às variações do seu ambiente.

Por exemplo, ao resolver analiticamente um problema univariado para as funções A e B, obtemos que o valor mínimo de cada uma é 2, o que é atingido quando a variável independente toma o valor 0, ou seja, embora ambas as funções tenham os mesmos valores, observamos que os ambientes em torno do mínimo são significativamente diferentes. Uma vez que as soluções anafóricas não fornecem informação sobre estes ambientes, temos de recorrer às soluções discretas.

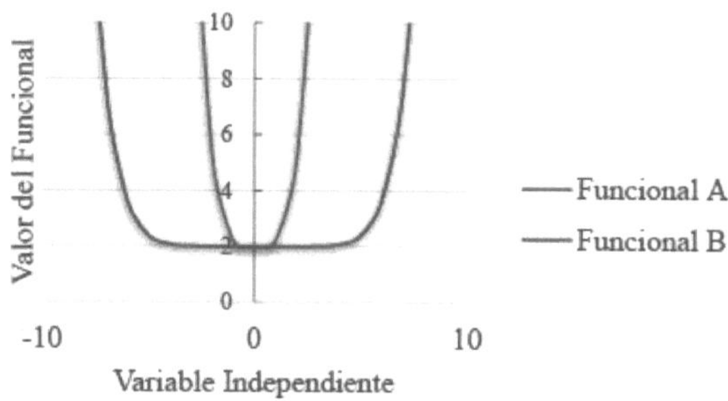

Figura 3.2: Ambientes em torno do ponto ótimo

3.2.2 Solução discreta

Devido às limitações da otimização analítica, uma alternativa melhor é resolver o modelo matemático através de um processo de otimização discreto específico. Esta abordagem não só permite a identificação do ponto ótimo, como também fornece informações sobre o seu ambiente.

Por exemplo, a Figura 3.3 mostra os resultados discretizados dos funcionais apresentados na Figura 3.2.

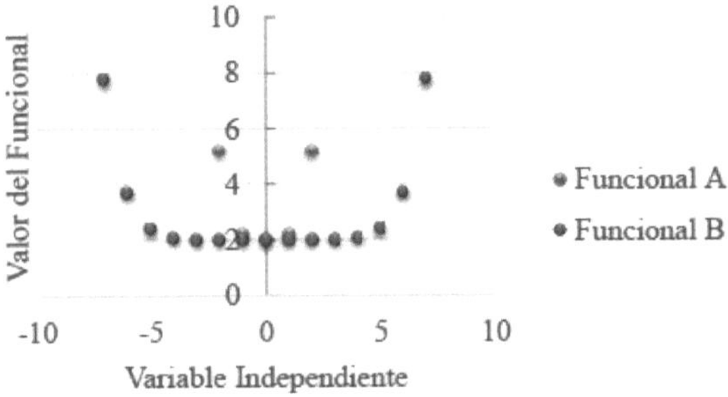

Figura 3.3: Ambientes em torno do ponto ótimo

Nesta figura, pode observar-se claramente que o valor mínimo do funcional B se mantém praticamente estável entre -4 e +4, enquanto que, no funcional A, o ótimo varia consideravelmente fora do intervalo de -1 a +1. Esta capacidade de análise do ambiente permite uma maior versatilidade para definir a solução viável que melhor se adapta à informação disponível em cada caso a resolver.

A principal vantagem do tratamento discreto, tal como proposto neste texto, reside na sua capacidade de gerar não apenas uma, mas um conjunto de soluções viáveis. Ao serem compiladas de forma ordenada no Ficheiro de Critérios, estas soluções permitem ao perito analisá-las de uma forma muito simples e tomar uma decisão satisfatória, baseada numa combinação dos resultados matemáticos e do seu julgamento profissional. Através deste processo iterativo, o perito será capaz de determinar com um elevado grau de certeza como os factos se desenrolaram.

3. 3Aplicação

3.3.1 Definições

- No modelo matemático, utilizar-se-ão as seguintes definições

X: Variáveis de conceção ou independentes (são as que vão variar dentro de um determinado intervalo pré-especificado)

Y: Variáveis dependentes (são determinadas a partir das variáveis de conceção).

Z: Funcional (representa a equação a maximizar ou a minimizar, tal como definida pelo perito).

- O modelo matemático será constituído por:

I Sistema de equações: **Y** = f (**X**)

| Funcional: **Z** = f (**X**, **Y**) Máx. o Mín.

- O modelo matemático será resolvido com base na metodologia proposta nos pontos seguintes.

3.3.2 Preparação para a resolução

É importante notar que não existe uma forma única de abordar a modelação matemática de um acidente específico, uma vez que as variáveis de conceção a considerar dependerão da opinião do perito. Num caso extremo, todos os parâmetros de interesse poderiam ser tratados como variáveis de projeto, o que implicaria a inclusão das condições correspondentes para garantir a viabilidade da solução. No entanto, é essencial sublinhar que a solução que melhor explica o acidente será a mesma, independentemente da forma como o modelo matemático é estruturado em termos de variáveis de conceção e variáveis dependentes.

Uma vez definido o Modelo Matemático, proceder da seguinte forma:

1) Identificar dados concretos, ou seja, dados relativamente aos quais existe uma certeza absoluta quanto ao seu valor.

2) Identificar as variáveis de conceção, que são aquelas cujo valor não sabemos exatamente ($x\#$).

3) Para cada uma das variáveis de projeto, definiremos um intervalo razoável de valores dentro do qual se poderá encontrar o valor real, para isso definiremos o seu valor mínimo ($x\#_{min}$) e o seu valor máximo ($x\#_{max}$). $_{paso}$Dado que, no âmbito do processo iterativo, estas variáveis de projeto serão modificadas de forma discreta, é necessário especificar o passo de variação correspondente ($x\#$).

4) Organizar as equações de forma a que as variáveis dependentes sejam uma função das variáveis de conceção. No caso de uma variável dependente ser

também uma função de outra variável dependente, esta última deve ser calculada primeiro.

5) Gerar uma ou mais condições para identificar se a combinação que está a ser processada neste ciclo é viável ou não.

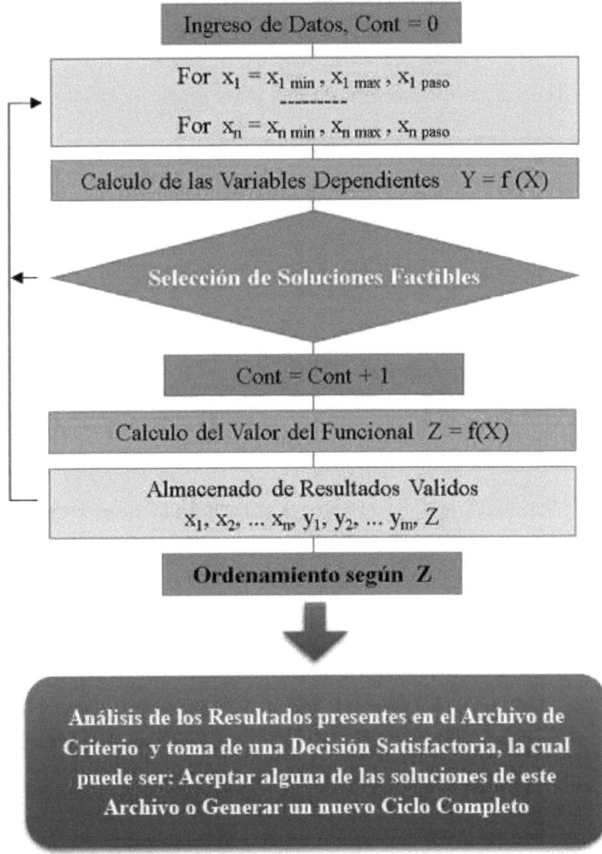

Análise dos resultados no ficheiro de critérios e tomada de uma decisão satisfatória.

Critérios e tomar uma Decisão Satisfatória, que pode ser

pode ser: Aceitar uma das soluções deste

Ficheiro ou Gerar um novo Ciclo Completo

Figura 3.4: Processo de resolução

3.3.3 Programação

Com o modelo matemático e a informação preparada no ponto anterior, vamos proceder ao desenvolvimento de um programa informático seguindo as diretrizes estabelecidas na Figura 3.4, na qual se podem visualizar os seguintes passos:

1) São introduzidos os dados físicos e o contador de soluções viáveis (Cont) é reiniciado.

2) É programada uma estrutura de iteração (loop) em que cada uma das variáveis de projeto é calculada em cada ciclo, desde o Hmite mínimo até ao Hmite máximo, de acordo com o passo predefinido.

3) Com os dados concretos e as variáveis de conceção, serão calculadas as variáveis dependentes.

4) O processo continua para verificar se a solução obtida nesta iteração é viável. Se não for, o processo iterativo é reiniciado, avançando um passo na variável de projeto correspondente.

5) Se a solução for viável, o contador de soluções viáveis é incrementado em 1 (um) e o valor do funcional é calculado.

6) A solução alcançada nesta iteração é armazenada num ficheiro, incluindo pelo menos os valores de todas as variáveis e o funcional correspondente. Se esta solução não for a última, o processo iterativo é reiniciado avançando um passo na variável correspondente.

7) Quando todos os todos os combinações possíveis, todas as soluções armazenadas são ordenadas da melhor para a pior, de acordo com os critérios estabelecidos na funcionalidade. Chamamos a este ficheiro o Ficheiro de Critérios.

3.4 Análise dos resultados

O perito procederá à análise dos resultados presentes no ficheiro de critérios, começando pela primeira solução da lista, que se assume como a melhor. Nesta análise, será dada especial ênfase à consistência de cada solução viável com a informação disponível. Quando esta compatibilidade estiver completa, a solução será aceite como a explicação mais provável dos factos e, consequentemente, a Hipótese será Validada. Caso contrário, deve ser descartada ou, pelo menos, reformulada, reiniciando um novo ciclo a partir do ponto que o perito considere mais adequado (por exemplo, requerendo dados adicionais ou mais precisos; analisando essa informação a partir de outra abordagem ou redefinindo: os parâmetros de interesse, as hipóteses, os objectivos e/ou o modelo matemático). Este processo iterativo, que procura construir uma hipótese que explique de forma coerente e científica todos os acontecimentos do acidente, deve ser iniciado nas primeiras fases da investigação. Através de iterações sucessivas e da avaliação constante das provas, a hipótese será aperfeiçoada até se chegar a uma explicação sólida e consistente. O processo termina quando é identificada uma hipótese que é consistente com todas as provas disponíveis e com o julgamento imparcial do perito.

CAPÍTULO 4

ESTUDO DE CASO

4. 1Apresentação do caso

Para clarificar a utilização da metodologia apresentada na Figura 2.1, será considerado um caso teórico simples, em que um camião embate numa carrinha estacionária que se encontra no seu caminho.

4.2 Objetivo

Presume-se que a Parte Interessada definiu que o objetivo principal neste caso é *determinar a velocidade do camião para saber se excede os limites permitidos.*

4.3 Recolha de informações

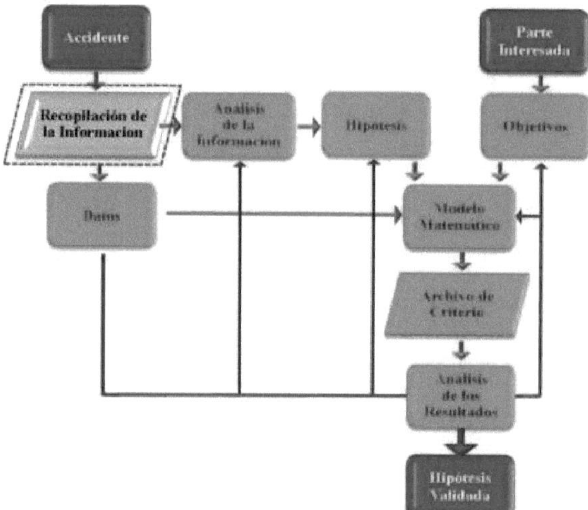

Figura 4.1: Compilação de informações

Após o acidente, o perito deve proceder à recolha de informações de fontes externas, internas e gerais, conforme descrito na secção 2.2.2.

Neste estudo de caso, parte-se do princípio de que as informações recolhidas foram as seguintes

- de fontes externas:

- Esboço da perícia policial, que mostra as marcas deixadas pelos veículos e os respectivos comprimentos.

- O processo judicial contém fotografias de ambos os veículos, mostrando os respectivos danos.
- Os depoimentos das testemunhas e do condutor constam do processo judicial.

- de fontes domésticas:

- O local foi inspeccionado pelo perito (semanas após o acidente).
- Os veículos foram inspeccionados pelo perito (semanas após o acidente).

de Fontes Gerais:

- Foram utilizados manuais de reconstrução para identificar as formulações associadas aos acidentes e para estimar alguns dos dados relacionados. Além disso, foram consultados os manuais dos proprietários dos veículos para obter informações sobre pesos, distâncias entre eixos e distâncias entre eixos dos veículos.

Uma vez que o objetivo da apresentação deste estudo de caso é explicar de forma simplificada a metodologia proposta e considerando que o objetivo declarado da parte interessada é apenas determinar se a velocidade do camião era excessiva, não é necessário completar a matriz de Haddon.

Em casos reais, o preenchimento desta matriz ajuda a organizar a informação e garante que não são omitidos dados relevantes, que podem ser cruciais para identificar pormenores específicos do acidente.

4.4 Análise dos dados

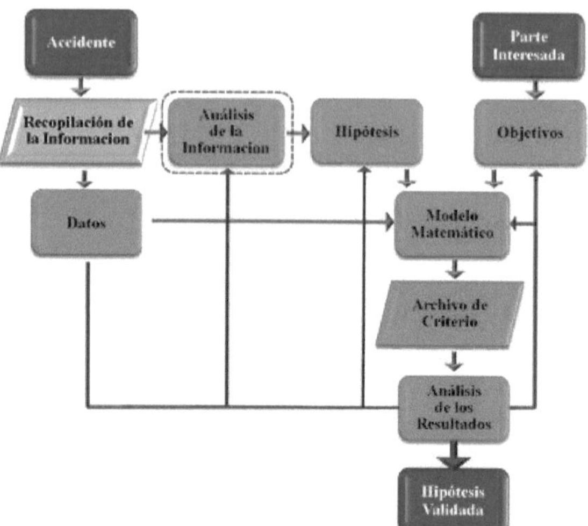

Figura 4.2: Análise da informação

Com base na informação recolhida no ponto anterior, procede-se à sua análise, considerando-se que, neste estudo de caso, se obtiveram as seguintes conclusões (a verificar no momento oportuno deste processo):

- A distância entre as faixas mais longas no esboço da polícia corresponde à faixa de um camião e que o camião avançava numa trajetória de travagem.
- A distância entre os outros rastos no desenho da polícia corresponde à distância entre eixos de uma carrinha, o que indica que se deslocou lateralmente na mesma direção que a carrinha.
- A forma rectilínea dos carris e o seu paralelismo são provas de que a carrinha foi rebocada pelo camião quando a sua velocidade era nula ou extremamente baixa.
- Os depoimentos das testemunhas e do condutor são coerentes ao mencionar que a carrinha estava parada quando foi atingida pelo camião e que o camião travou antes de a atingir.
- As declarações acima referidas são coerentes com a forma e a direção das impressões digitais presentes no processo judicial.
- As fotografias do processo reflectem os mesmos danos observados durante a inspeção visual dos veículos.

- Os danos observados nos veículos confirmam que a frente do camião atingiu o lado esquerdo da pick-up com a sua parte dianteira.
- A inspeção do local revelou que a estrada é rectilínea e a faixa de rodagem é de asfalto, que está em bom estado e que não tem declive (dados úteis para as equações do modelo matemático).
- Os manuais de reconstrução permitiram identificar a fórmula a utilizar e os coeficientes de atrito típicos entre as rodas e o pavimento.
- Os manuais de utilização permitiram determinar as massas (pesos) dos veículos envolvidos neste acidente.

4.5 Hipóteses

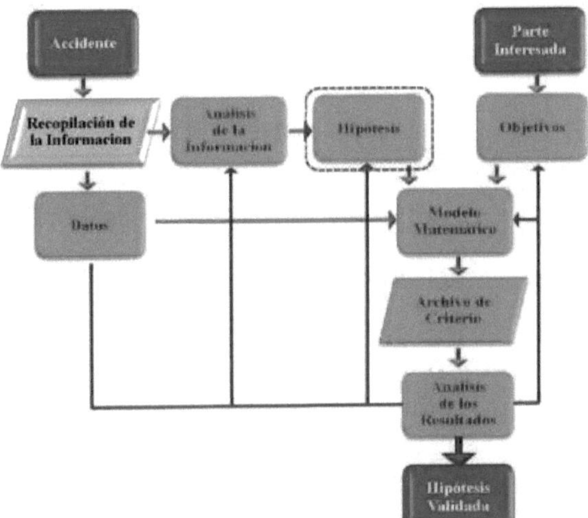

Figura 4.3: Hipóteses

A hipótese avançada neste caso foi a seguinte: *o acidente desenvolveu-se de acordo com a sequência de acontecimentos a seguir descrita.*

a) Evento 0 - Início do acidente

O condutor do camião apercebe-se de que a carrinha está no seu caminho, pelo que começa a travar enquanto conduz à velocidade v_{c0}. Uma vez que o objetivo é determinar esta velocidade (ponto 4.2), v_{c0} é o parâmetro mais importante nesta reconstrução.

Com base nos depoimentos e no resto dos elementos de prova, considera-se que a velocidade da pick-up é 0 (zero), estabelecendo-se como hora de início da dinâmica do acidente.

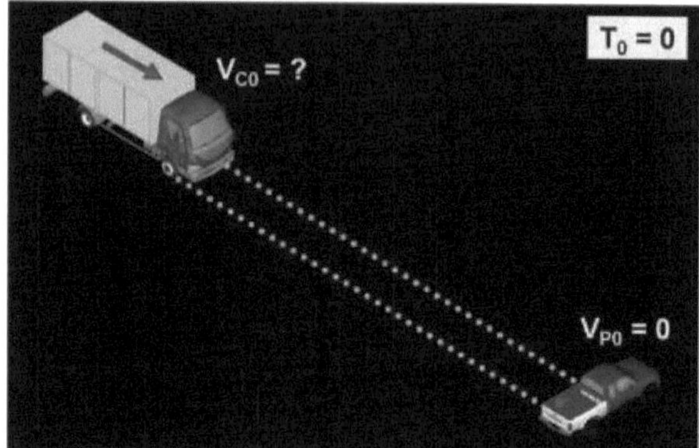

Figura 4.4: T0 - Início do acidente

b) Evento 0 a 1 - Travagem do camião

Este evento considera a trajetória do camião durante a travagem antes do impacto. Esta trajetória é evidenciada pela pegada encontrada no relatório da polícia.

A velocidade do camião durante esta trajetória será reduzida até ao momento do impacto.

O furgão permanece parado durante todo este evento, que ocorre entre os tempos T0 e T1.

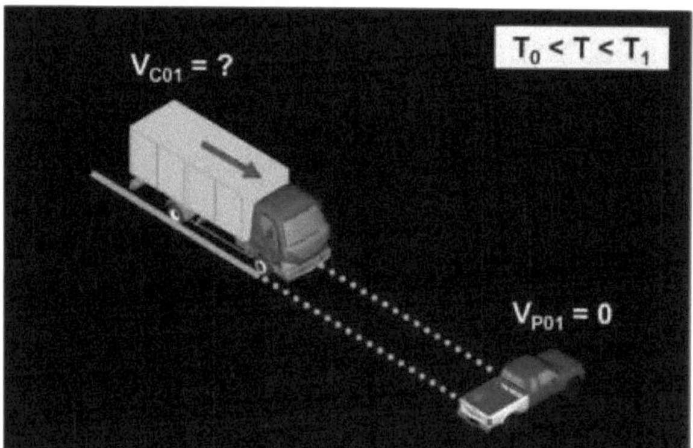

Figura 4.5: T0 < T < T1 - Travagem do camião

c) Evento 1 - Impacto

O camião atinge a pick-up à velocidade Vci. Neste momento, o camião permanece parado, tal como aconteceu durante todo o evento 0 a 1.

Imediatamente após o impacto, os dois veículos acoplam-se e começam a deslocar-se em conjunto à velocidade v_1.

Fica estabelecido que o impacto ocorre no momento em que

chamado T_1.

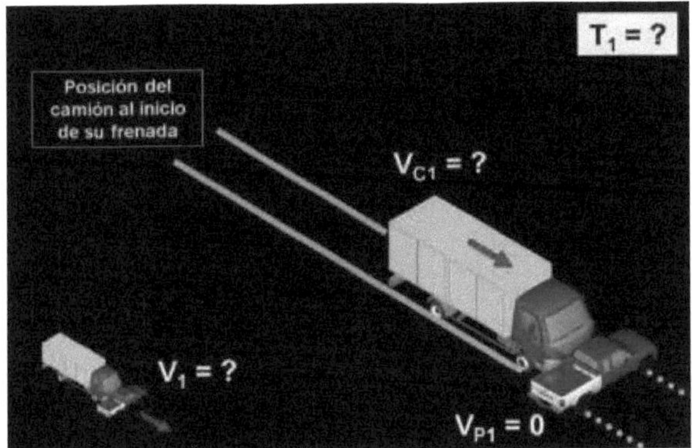

Figura 4.6: T1 - Momento de impacto

d) Evento 1 a 2 - O camião arrasta a carrinha

Durante este evento, o camião trava e sai da pista registada pela polícia. Para além desta pegada, a carrinha também deixa uma pegada devido ao seu arrastamento lateral.

A velocidade de ambos os veículos diminui gradualmente desde o momento do impacto até à sua paragem total.

Este evento tem lugar entre os tempos T1 e T_2.

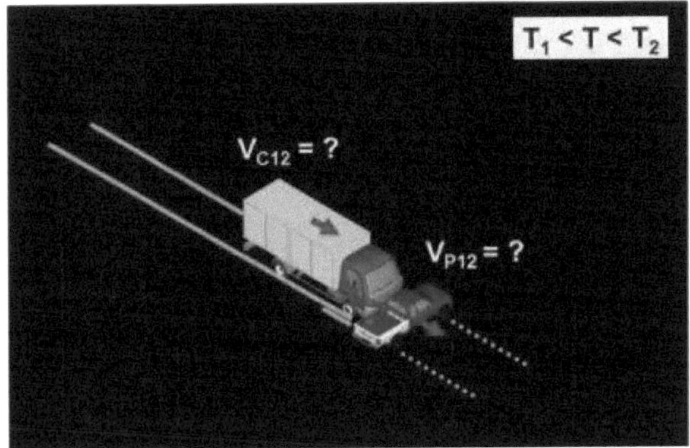

Figura 4.7: T1 < T < T2 - Camião a rebocar a carrinha

e) Evento 2 - Fim do acidente

Ambos os veículos atingem a posição de repouso final no momento designado por T2.

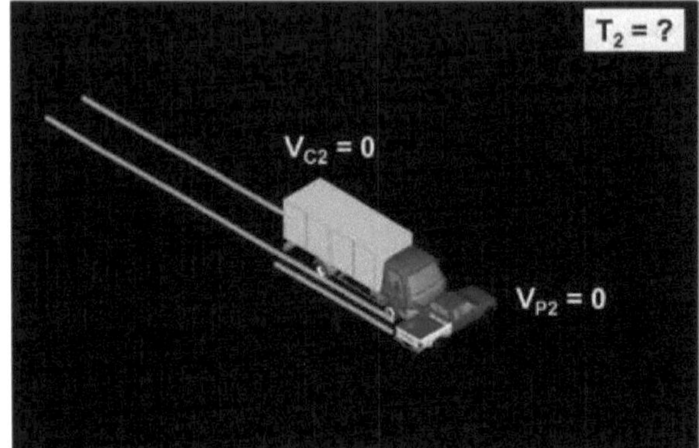

Figura 4.8: T2 - Posições finais no acidente

Este último evento termina a sequência de eventos que definem a hipótese que será modelada e eventualmente validada nos pontos seguintes.

4.6 Modelo matemático

4.6.1 Introdução

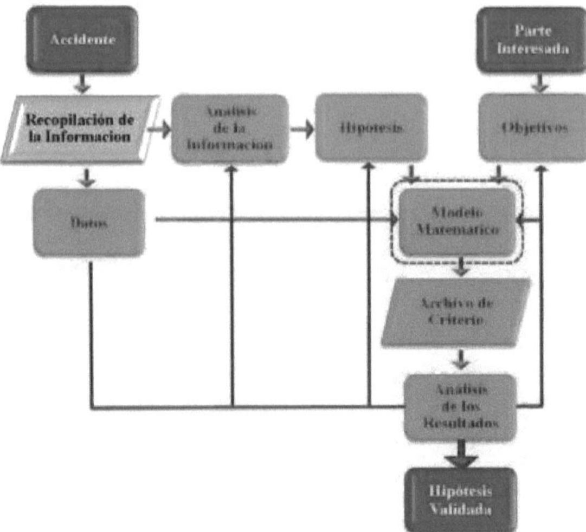

Figura 4.9: Modelo matemático

Nesta fase do processo, estamos agora em condições de elaborar o modelo matemático, que deve refletir adequadamente a hipótese e cumprir o objetivo estabelecido.

Os quadros seguintes apresentam um resumo da sequência de eventos e dos seus principais parâmetros:

#	EVENTO
0	Início do acidente
0 a 1	Travagem de camiões
-1	Momento pré-impacto
1	Impacto
-1	Momento pós-impacto
1 a 2	O camião arrasta a carrinha
2	Fim do acidente

Quadro 4.1: Sequência de eventos

#	TEMPO	VELOCIDADE	
		Camião	Recolha
0	Para	Vco	VP0 = 0
0 a 1	$_0T < T <$ T1	VC01	VP01 = o
-1	~ T1	VC1	VP1 = 0
1	T1	VC1 > V > V1	VP1 < V < V1
-1	~ T1	V1	V1
1 a 2	T1< T < T_2	VC12 = VP12	VP12 = VC12
2	T2	VC2 = 0	VP2 = 0

Tabela 4.2: Sequência de eventos e seus principais parâmetros

Os parâmetros seguintes serão utilizados para formular o modelo matemático:

V Velocidades dos camiões:

V co:no início da travagem (T0)

V c01: durante a trajetória de pré-impacto

V c1: no momento do impacto da carrinha

V 1: no início do reboque do camião (T1)

V c12: durante a trajetória de arrasto

V c2:no final do acidente (T2)

V Velocidades de camioneta:

V $_{P0}$: no início da travagem do camião ($_{T0}$)

V $_{P01}$: durante a trajetória de pré-impacto do camião

V $_{P1}$: no impacto

V $_{1}$: no início da trajetória de arrasto ($_{T1}$)

V $_{P12}$: durante a trajetória de arrasto

V $_{P2}$: no final do acidente ($_{T2}$)

V Massas do veículo: m_c: massa do camião

m_p: massa do furgão

V Coeficientes de fricção:

f_c: camião-rodoviário

f_P: camião-estrada

V Distâncias percorridas a partir do:

d_{C01}: Início da travagem para impacto (camião)

d_{C12}: Impacto na detenção (camião) d_{P12}: Impacto na detenção (carrinha) d_{12}:

Impacto na detenção (ambos os veículos)

V Energias de deformação:

$_{DD}E$ ( ): Deformação energética de ambos os veículos calculado com base em indemnizações.

$E_D(V)$: Deformação energética de ambos os veículos calculado com base nas velocidades.

$E_{\#}$: Energias cinéticas ou de fricção. Os subíndices

representam o veículo e o evento correspondente (ver secção 4.7).

- Outros:

g: Aceleração da gravidade

4.6.2 Definição do modelo matemático

As equações que regem este acidente baseiam-se essencialmente nos princípios da conservação da energia e da quantidade de movimento. As equações correspondentes a cada evento são apresentadas de seguida.

a) Evento 0 - Início do acidente (T = 0)

Este acontecimento não tem uma equação para o representar. Sabe-se apenas que o camião se deslocava a uma velocidade denominada v_{C0}, cujo valor é desconhecido, e que a pick-up estava parada, ou seja, que o camião se deslocava a uma velocidade denominada v_{C0}, cujo valor é desconhecido:

$$v_{C0} = ? \quad v_{P0} = 0$$

b) Evento 0 a 1 - Travagem do camião (T0 < T < T1)

Por conseguinte, desde o início até ao fim deste evento, a recolha foi interrompida:

$$v_{P0} = v_{P01} = v_{P1} = 0$$

O camião no início deste evento tinha uma energia cinética que pode ser calculada como:

$$E_{C0} = 0{,}5 \,.\, m_C \,.\, v_{C0}^2$$

Durante a travagem, o camião perdeu parte da sua energia cinética, que pode ser calculada como

$$E_{C01} = m_C \,.\, g \,.\, f_C \,.\, d_{C01}$$

O camião no final deste evento (ou seja, imediatamente antes do impacto) tinha a seguinte energia cinética:

$$E_{C1(-)} = 0{,}5 \,.\, m_C \,.\, v_{C1}^2$$

Pelo princípio da conservação da energia, pode-se estabelecer que o balanço energético deve ser zero, portanto:

$$E_{cho} - E_{choi} - E_{ci(-)} = 0$$

Embora o programa de computador necessário possa ser executado utilizando diretamente todas as equações acima referidas, para simplificar e reduzir o número de linhas de código, é aconselhável consolidar estas equações numa única equação para determinar o parâmetro necessário no alvo:

$$V_{co} = (V_{ci2} + 2\, g\, f_C\, d_{coi})^{0{,}5}$$

c) Evento 1 - Impacto

Para modelar o impacto entre o camião e a pick-up, pode ser utilizado o princípio da conservação da quantidade de movimento, que diz que a quantidade de movimento dos veículos antes do impacto deve ser igual à quantidade de movimento dos veículos após o impacto.

$$m_C \cdot v_{C1} + m_P \cdot v_{P1} = m_C \cdot V_1 + m_P \cdot v_1$$

Rearranjando a expressão anterior e como v_{PI} (velocidade do camião antes do impacto) é zero, obtém-se

$$V_{ci} = (m_e + m_p)\, V_i / m_e$$

Além disso, neste caso, as equações derivadas do princípio de conservação do ene^a também podem ser colocadas, uma vez que os enemas pré-impacto devem ser preservados após o impacto.

A energia cinéticaKi do sistema no instante anterior ao impacto é dada pela seguinte equação:

$$E_{ei(-)} = 0{,}5 \cdot m_e \cdot {}^2V_{ei} \text{ (o furgão não contribui)}$$

Como após o impacto os dois veículos estão acoplados, as suas velocidades serão iguais, pelo que a energia cinética do sistema imediatamente após o impacto será igual:

$$E_{epi(+)} = 0{,}5 \cdot m_e \cdot {}^2V_i + 0{,}5 \cdot m_p \cdot V_i^2$$

Além disso, durante o impacto, ocorre também a deformação dos veículos. Neste estudo de caso, assumimos que - a partir da análise de possíveis fotografias e informações recolhidas durante a inspeção dos veículos - o camião não apresenta deformações significativas, mas a pick-up sim. Com base nestas deformações e utilizando os coeficientes de rigidez correspondentes, pode calcular-se que a energia perdida em deformações durante o impacto foi:

$$E_{D(D)E} = 255 \text{ kNm}$$

Para oferecer uma abordagem prática à reconstrução de acidentes, este capítulo centra-se nos aspectos fundamentais da metodologia eficiente, deixando de lado cálculos mais pormenorizados, como a energia dissipada nas deformações.

Como o ene^a deve ser conservado durante esse evento, a equação correspondente será:

$$E_{ci(-)} - E_{CPI(+)} - E_{D(D)} = 0$$

Neste caso, também é possível implementar o código utilizando todas as equações apresentadas, mas, por uma questão de simplicidade e eficiência, estas foram condensadas numa única equação:

$$E_{D(V)} = 0,5\ m_e\ V_{ci}^2 - 0,5\ (m_e + m_p)\ V^*$$

Os valores de ED(V) e ED(D) deveriam ser os mesmos, uma vez que representam o mesmo fenómeno físico, mas foram calculados por duas metodologias diferentes.

d) Evento 1 a 2 - Truck Drags Truck

Durante este evento, os dois veículos movem-se como uma massa única, pelo que as suas velocidades serão iguais:

$$v_{P12} = v_{C12} = v_{12}$$

Durante este evento, as duas velas deslocaram-se à mesma distância:

$$d_{P12} = d_{C12} = d_{12}$$

Como referido anteriormente, a energia cinética do sistema no início deste acontecimento (imediatamente após o impacto) é:

$$E_{CP1(+)} = 0,5\ m_C\ .\ ^2v_1 + 0,5\ m_P\ .\ v_1^2$$

Devido à travagem durante este evento, o camião perdeu a seguinte quantidade de energia:

$$E_{C12} = m_C\ .\ g\ .\ f_C.\ d_{12}$$

Devido ao seu arrastamento, o pick-up perdeu a seguinte quantidade de energia:

$$E_{P12} = m_P\ .\ g\ .\ f_P.\ d_{12}$$

No final da prova, ambos os veículos ficaram parados e, consequentemente, a sua energia cinética era nula. Com esta consideração e tendo em conta o princípio da conservação da energia, pode estabelecer-se que:

$$E_{CP1(+)} - E_{ci2} - E_{Pi2} = 0$$

Embora neste caso também pudesse ser programado utilizando todas as equações acima, para simplificar o código, trabalhámos com estas equações para obter uma única equação:

$$_{CP}^{0,}V1 = [2\ g\ d_{i2}\ (m_e\ f + m_p\ f\ )\ /\ (m_e + m_p)]\ 5$$

e) Evento # 2 - Fim do acidente

Este acontecimento não tem uma equação que o represente. Sabe-se apenas que ambos os veículos atingem a sua posição final de repouso, portanto:

$$v_{C2} = 0$$

$$v_{P2} = 0$$

4.7 Preparação da resolução

1) Identificação de dados concretos

Assume-se que são conhecidos com uma incerteza mínima a:

g: 9,81 m/s^2

m_P: 1930 kg (massa em ordem de marcha obtida no manual do proprietário mais a massa do condutor)

2) Identificar as variáveis de conceção, que são aquelas cujo valor não sabemos exatamente ($x_{\#}$).

Entre as variáveis de projeto identificadas estão os coeficientes de atrito entre os veículos e a estrada (fCe f_P), uma vez que, embora exista um valor estatístico, os valores exactos para este caso são desconhecidos. Incluem-se também as distâncias percorridas pelos veículos (d_{coi} e $d_{i2.}$), evidenciadas pelas pegadas no pavimento. Embora estas estejam definidas na perícia policial, assume-se que podem ter algum erro de medição.

Por último, é incluída a massa do camião. Embora o seu modelo seja conhecido, presume-se que, nas informações recolhidas, a massa da carga transportada não foi definida, pelo que o perito não está em condições de propor um valor estimado razoável.

3) Intervalo de valores para as variáveis de projeto.

Para cada uma destas variáveis é definido um valor mínimo e máximo razoável, ao critério do perito, e é incorporado o passo correspondente, que pode ser tão refinado quanto possível no nosso computador. Recomenda-se que todas as combinações geradas durante o processo não excedam um valor de 30.000 para que as execuções sejam dinâmicas e os ficheiros de critérios não sejam tão grandes. Se a solução viável encontrada for demasiado sensível a qualquer uma das variáveis de projeto, pode ser gerado um novo processo iterativo após a análise do ficheiro de critérios, reduzindo o passo, bem como o intervalo.

Variável de projeto	Valor mínimo	Valor máximo	Passagem
fc	0,40	0,80	0,02
fp	0,40	0,80	0,02
dcoi	29 m	31 m	0,5 m
di2	13 m	15 m	0,5 m
mc	3200 kg	8200 kg	500 kg

Quadro 4.3: Variáveis de conceção a ter em conta

4) Ordenação das equações:

As equações apresentadas nos pontos anteriores são então transcritas, mas dispostas numa sequência tal que todas as variáveis sejam função de parâmetros conhecidos ou já determinados:

$$_{ep}V1 = [2\ g\ _{di2}\ (_{me}\ f + {}_{mp}\ f\ )\ /\ (_{me} + {}_{mp})]^{0,5}$$

$$_{P}Vci = (me + m\ )\ Vi\ /\ m_c$$

$$_{co}V = (_{Vci2} + 2\ g\ fe\ deoi)$$

$$_{(V)ep}ED = 0,5\ m\ _{Vci2} - 0,5\ (_{mC} + m\ )\ |^2$$

5) Gerar condições de viabilidade:

$_V$Neste caso, pode estabelecer-se que a energia de deformação calculada a partir das deformações do veículo ($E_{D(D)}$) deve coincidir com o valor obtido de acordo com o princípio da conservação da energia aplicado no momento do impacto ($E_{D(\ )}$). Uma vez que a energia estimada a partir das deformações pode ser imprecisa, uma solução será considerada válida se estiver dentro de um intervalo de 5% acima ou abaixo do valor esperado.

$$0,95\ .\ E_{D(D)E} < E_{D\,(V)} < 1,05\ .\ E_{D(D)E}$$

$_{DDE}$Como o E ( ) foi calculado a 255 kNm, a equação anterior pode ser escrita como:

$$^{E}242\ kNm < d_{(V)} < 268\ kNm$$

6) Funcional:

A função incorporada no modelo matemático tenta minimizar os erros entre os valores esperados, definidos de acordo com os critérios do perito, e os valores obtidos através da resolução do modelo matemático.

Variável	Valor de acordo com o critério
fcE	0,6
fPE	0,6
dcoiE	30 m
d12E	14 m
ED(D)E	255 kNm
mcE	3200 a 8200 kg

Tabela 4.4: Valores esperados pelos peritos

Por conseguinte, a função de erro a minimizar, na ***i-ésima*** iteração, terá a seguinte forma

$$^{2}Z = [(f_{ci} - f_{cE}) / f_{cE}]\ 2 + [(f_{pi} - f_{pE}) / f_{pE}] +$$

$$^{2}+ [(dcoii - dc01E) / dc01E] + [(d12i - d12E) / d12E] + [(d12i - d12E) / d12E] +$$

$$[(d12i - d12E) / d12E]^{2}$$

$$+ ((E_{D(V)i} - E_{D(D)E}) / E_{D(D)E})^{Jl\ 2}$$

4.8 Programação

O modelo matemático é programado com base nos sete itens do ponto 3.3.3. e obtém-se o código, que pode ser visto no Anexo A: Programa de Cálculo.

A partir da execução deste software foi possível obter o correspondente Ficheiro de Critérios, cujas melhores soluções viáveis são apresentadas de seguida:

ErroVco		Vci	Vi	ED(V)fc	fp	dcoi	di2	mc
0.	*000100.*	*374.*	*146.*	*22550.*	*600.*	*6030.*	*014.*	*03200*
0.	00099.	974.	146.	22550.	600.	6029.	514.	03200
0.	000100.	774.	146.	22550.	600.	6030.	514.	03200

Tabela 4.5: Ficheiro de critérios - Melhores soluções viáveis

NOTA: Se não forem encontradas soluções ao executar o programa, verifique primeiro as linhas do código. Se estas estiverem corretas, o programa deve ser examinado na sua totalidade. Se o problema não for encontrado aí, é necessário verificar os dados, tanto os valores reais como as variáveis de projeto. Se ainda assim não se obtiverem soluções, a hipótese deve ser descartada ou reformulada, e o processo reiniciado a partir do ponto que o perito identificar como o mais adequado.

4.9 Análise dos resultados

A análise do ficheiro de critérios consiste em analisar a consistência dos resultados obtidos com base nas expectativas do perito (critérios). Os passos recomendados para efetuar esta análise são descritos abaixo.

- Verificação de alcance

A primeira verificação a efetuar é verificar se as Variáveis de Conceção, determinadas pelo programa, estão dentro do intervalo predefinido.

Variável de projeto	Valor mínimo	Valor máximo	Resultado
fc	0,40	0,80	**0,60**
fp	0,40	0,80	**0,60**
dcoi	29 m	31 m	**30 m**
di2	13 m	15 m	**14 m**

Tabela 4.6: Resultados das variáveis de conceção versus a sua classificação

Neste caso, observa-se que as variáveis de conceção estão todas dentro do intervalo predefinido. Se alguma delas estiver num extremo, o intervalo deve ser alargado e deve ser efectuada uma nova execução para obter um ficheiro de critérios atualizado. Este processo deve ser repetido até que a condição acima seja satisfeita.

Entre os resultados obtidos estão também os valores da massa do camião:

Variável de projeto	Valor mínimo	Valor máximo	Resultado
mc	3200 kg	8200 kg	**3200 kg**

Tabela 4.7: Resultados de **mC** Vs. sua classificação

Esta variável é um caso especial porque, embora se encontre no extremo do seu intervalo, os extremos são dados fiáveis: representam o camião tanto no estado sem carga como no estado com carga total. Por conseguinte, não é necessário alargar o intervalo, uma vez que o valor obtido é o mínimo fisicamente possível.

- Verificação da consistência

Nesta fase, deve ser verificado até que ponto os resultados estão de acordo com a opinião do perito:

Variável de projeto	Valor esperado de acordo com os critérios	Resultado
fc	0,6	**0,60**
fp	0,6	**0,60**
dcoi	30 m	**30 m**
di2	14 m	**14 m**
ED(D)	255 kNm (ED(D)E)	**255 kNm** (ED(V))

Tabela 4.8: Valores esperados das variáveis Vs. resultados

No estudo de caso analisado, a coincidência foi total, situação de alguma forma favorecida pelo facto de os erros entre o valor definido de acordo com os critérios do perito e o resultado obtido pelo software, apresentado no ficheiro de critérios, terem sido minimizados.

Se estes valores não coincidirem, fica ao critério do perito tomar a chamada "Decisão Satisfatória", que dependerá das variáveis que estão em discrepância. Para clarificar este tratamento, pode considerar-se que o coeficiente de atrito determinado para ambos os veículos é demasiado baixo em relação às expectativas do perito. Estes valores podem indicar que a estrada estava molhada ou contaminada. O perito deve, portanto, tentar confirmar este resultado analítico com a realidade, por exemplo, consultando o serviço meteorológico ou os condutores e testemunhas, e depois atuar com base nestas novas informações.

Identificações adicionais

A solução óptima, que tem a menor margem de erro, confirma os valores estimados para os coeficientes de atrito, as distâncias percorridas pelos veículos e a energia de deformação. No entanto, quando o problema foi colocado, o perito não conhecia a massa da carga do camião e, por conseguinte, a massa total do camião, pelo que não dispunha de um valor estimado para os mesmos. Por este motivo, o comportamento do sistema foi analisado considerando uma gama de variação da massa do camião, desde a condição de ausência de carga até à condição de carga total.

O melhor resultado indica que a massa total do camião no momento do acidente deve ter sido de 3200 kg, o que indica claramente que o camião devia estar descarregado. Por conseguinte, da análise do ficheiro de critérios, conclui-se que, para que o camião apresentasse o comportamento observado no acidente, devia estar a circular sem carga.

Com esta informação, o perito deve proceder à verificação da exatidão desta conclusão, utilizando métodos como consultar o condutor, entrevistar testemunhas ou rever a documentação do camião, de modo a validar a hipótese proposta. Se estas averiguações revelarem que o camião estava carregado até metade da sua capacidade (por exemplo, o peso total a considerar deveria ser 5300 kg), esta nova informação é incorporada e o processo é reiniciado para encontrar o novo conjunto de soluções viáveis, apresentado na Tabela 4.9.

ErroVco		Vci	Vi	ED(V)fc	fp	dcoi	di2	mc
0.	*01196.*	*766.*	*849.*	*02440.*	*640.*	*6030.0*	***15.0***	*5300*
0.	01296.	366.	849.	02440.	640.	6029.	515.	05300
0.	01297.	166.	849.	02440.	640.	6030.	515.	05300

Quadro 4.9: Ficheiro de critérios - Massa de um camião de 5300 kg

A partir da análise desta nova matriz é possível identificar que o valor da distância percorrida pós-impacto corresponde ao limite superior do seu intervalo, pelo que deve ser alargado e deve ser efectuada uma nova iteração, repetindo o processo tantas vezes quantas as necessárias até que a hipótese possa ser validada.

Em suma, o perito avaliará exaustivamente todos os resultados obtidos e, com base no seu julgamento profissional, tomará uma decisão satisfatória. Quando os resultados forem totalmente coerentes com a informação disponível e com o seu juízo profissional, a hipótese será aceite como a explicação mais provável dos factos; caso contrário, deverá ser descartada ou, pelo menos, reformulada, reiniciando um novo ciclo a partir do ponto mais adequado (por exemplo, requerendo informação adicional ou mais precisa; analisando essa informação a partir de outra abordagem, redefinindo os parâmetros de interesse, as hipóteses, os objectivos e/ou o modelo matemático).

4.10 Hipótese validada

O processo descrito neste exemplo será repetido iterativamente até se encontrar uma solução em que os dados utilizados - após um processo de convergência adequado - sejam totalmente consistentes com as evidências disponíveis e com o julgamento do perito. Desta forma, a hipótese será confirmada e os valores dos parâmetros procurados serão obtidos.

Neste estudo de caso, como os resultados obtidos na Tabela 4.5 (após confirmação de que o camião estava descarregado) são totalmente compatíveis com a informação disponível e com o julgamento do perito, a sequência de eventos definida na hipótese pode ser considerada correta e, portanto, podemos dizer que a hipótese foi validada e é a melhor representação dos eventos que ocorreram durante o acidente.

Além disso, neste exemplo, o objetivo fixado pela Parte Interessada, que consiste em determinar a velocidade do camião para verificar se excede os limites permitidos, foi cumprido.

CONCLUSÃO: O camião circulava a 100 km/h, pelo que é evidente que excedeu significativamente o limite de velocidade para camiões (80 km/h). Esta infração representa um fator de risco significativo que contribuiu decisivamente para a dinâmica do acidente e a gravidade das suas consequências.

4.11 Outros tratamentos

Dado o interesse recorrente das partes envolvidas em conhecer a velocidade máxima ou mínima dos veículos envolvidos num acidente, foi dedicada uma secção específica (Anexo C: Outros Tratamentos) para abordar esta questão.

4.12 Observações finais

O vasto leque de variáveis que influenciam um acidente torna inviável a previsão de todas as combinações possíveis neste texto. Por esta razão, o ficheiro de resultados, designado por "Ficheiro de Critérios", foi concebido para ser complementado por pareceres de peritos, a fim de garantir a validade das suas conclusões.

Em suma, a reconstrução de um acidente requer uma abordagem holística que integre a experiência do perito com os resultados quantitativos fornecidos pelo modelo matemático. É por isso que a sinergia proposta na metodologia descrita neste texto é indispensável para obter uma representação realista e cientificamente fundamentada do acontecimento.

5.1 Metodologia inovadora

Esta metodologia oferece uma nova perspetiva para a reconstrução de acidentes de viação, combinando conhecimentos especializados com modelos matemáticos simplificados. Através de um processo iterativo, obtêm-se soluções precisas e fiáveis, evitando a subjetividade inerente aos métodos tradicionais.

5.2 Abordagem versátil e múltiplas aplicações

A versatilidade desta metodologia levou-a a ser aplicada em vários domínios, desde a engenharia espacial à indústria alimentar. A sua capacidade para resolver problemas complexos e otimizar sistemas ou processos foi demonstrada em numerosas ocasiões. Entre outros, foi utilizada para:

- Minimizar a massa das estruturas de satélites
- Minimizar as massas de rolamento de um satélite.
- Otimização da produção de vidro
- Melhorar a eficiência dos processos de produção alimentar

5.3 Estudo de caso

Para ilustrar a aplicação desta metodologia, foi apresentado um exemplo prático que, pela sua simplicidade, poderia ter sido resolvido de forma analítica, mas que teve como principal objetivo mostrar de forma executiva como se implementa a metodologia proposta, evidenciando a sua eficiência e a sua capacidade para abordar problemas muito mais complexos sem grandes esforços adicionais.

5.4 O papel do perito e o ficheiro de critérios

O perito desempenha um papel fundamental neste processo, definindo o modelo matemático, os intervalos das variáveis de projeto e analisando os resultados e tomando as chamadas decisões satisfatórias, que resultam da combinação entre a sua experiência e os resultados obtidos através do modelo matemático, que são apresentados no chamado Ficheiro de Critérios. Esta metodologia, que combina a solução matemática com o julgamento do perito, é ideal porque, através de um processo iterativo, responde às questões que se tornam evidentes ao analisar o ficheiro de critérios, razão pela qual é excelente para detetar inconsistências e explorar múltiplos cenários.

5.5 Principais benefícios

- Precisão: Os modelos matemáticos garantem resultados precisos e objectivos.
- Versatilidade: A metodologia pode ser adaptada a uma vasta gama de problemas simples ou complexos.

problemas simples ou complexos.

- Objetividade: Reduz a dependência da subjetividade do perito.
- Eficiência: Representada pela soma dos itens anteriores e pelo facto de permitir a obtenção de soluções rapidamente, mesmo em casos complexos.

5.6 Resumo

Esta metodologia inovadora representa um avanço significativo na reconstrução de acidentes de viação. A sua abordagem versátil e a sua capacidade de resolver problemas complexos fazem dela uma ferramenta valiosa para uma variedade de funções e, em particular, para a reconstrução de acidentes de viação.

ANEXOS

PROGRAMA DE CÁLCULO

A. 1Introdução

Dado o seu carácter intuitivo e o seu acesso livre, o QBasic/QB64 foi a ferramenta de eleição para a implementação do algoritmo proposto. No entanto, devido à sua simplicidade, pode ser facilmente replicado noutros ambientes de programação ou mesmo em folhas de cálculo como o Excel.

Além disso, a simplicidade do algoritmo e a estrutura do código permitem que seja facilmente adaptado para modelar e resolver qualquer outro tipo de acidente de viação.

A.2 Código

Segue-se o código implementado na primeira iteração do estudo de caso (ver secção 4.9):

```
'CASO de ESTUDIO.bas
'Todas las unidades no especificadas corresponden al Sistema Internacional

Dim Mat(38000, 10) 'Definición del tamaño de la matriz de soluciones


'INGRESO DE DATOS ****************************************

' Datos Duros ------------------------------------------------------------
g =     9.81    'aceleración de la gravedad
mp =    1930    'masa de la pick up - masa en orden de marcha

'Valores Esperados ------------------------------------------------------
EDDE = 255000 'energía consumida en la deformación de los vehículos
fcE =    0.6 'valor esperado del factor de fricción camión - pavimento
fpE =    0.6 'valor esperado del factor de fricción pick up - pavimento
dc01E = 30 'valor esperado de la distancia de frenado del camión pre impacto
d12E =  14 'valor esperado de la distancia de frenado del conjunto camión -
           pick up luego del impacto

' Puesta a Cero del Contador de Soluciones Factibles --------------------
Cont = 0

'FIN DE INGRESO DE DATOS **********************************
```

```
' INICIO DEL PROCESO ITERATIVO ***************************
For fc = fcE - .2 To fcE + .2 Step .02
  For fp = fpE - .2 To fpE + .2 Step .02
    For dc01 = dc01E - 1 To dc01E + 1 Step .5
      For d12 = d12E - 1 To d12E + 1 Step .5
        For mc = 3200 To 8200 Step 500

          ' Calculo de las Variables Dependientes -----------------------
          V1 = (2 * g * d12 * (mc * fc + mp * fp) / (mc + mp)) ^ 0.5
          Vc1 = (mc + mp) * V1 / mc
          Vc0 = (Vc1 ^ 2 + 2 * g * fc * dc01) ^ 0.5
          EDV = 0.5 * mc * Vc1 ^ 2 - 0.5 * (mc + mp) * V1 ^ 2

          ' Selección de las Soluciones Factibles -------------------------
          If EDV < 0.95 * EDDE Or EDV > 1.05 * EDDE Then
          Else

            ' Incremento en el Contador de Soluciones Factibles ------
            Cont = Cont + 1

            ' Calculo del valor del Funcional ---------------------------
              Z = ((fcE - fc) / fcE) ^ 2 + ((fpE - fp) / fpE) ^ 2 + ((dc01E -
              dc01) / dc01E) ^ 2 + ((d12E - d12) / d12E) ^ 2 + ((EDDE -
              EDV) / EDDE) ^ 2

            ' Almacenado de Soluciones Factibles -----------------------
            Mat(Cont, 1) = Z
            Mat(Cont, 2) = Vc0
            Mat(Cont, 3) = Vc1
            Mat(Cont, 4) = V1
            Mat(Cont, 5) = EDV
            Mat(Cont, 6) = fc
            Mat(Cont, 7) = fp
            Mat(Cont, 8) = dc01
            Mat(Cont, 9) = d12
            Mat(Cont, 10) = mc
          End If

        Next mc
      Next d12
    Next dc01
  Next fp
Next fc
' FIN DEL PROCESO ITERATIVO ******************************
```

```
'ORDENAMIENTO SEGUN Z (Funcional) ************************
For I = 1 To Cont - 1
   For J = I To Cont
      If Mat(I, 1) > Mat(J, 1) Then
         For K = 1 To 10
            AUX = Mat(I, K)
            Mat(I, K) = Mat(J, K)
            Mat(J, K) = AUX
         Next K
      Else
      End If
   Next J
Next I
'FIN DEL ORDENAMIENTO SEGUN Z *************************

'CREACION Y GRABADO DEL ARCHIVO DE CRITERIO ********
Open "Archivo de Criterio.OUT" For Output As #1

' Impresión de los Datos Principales ------------------------------------------
Print #1, "CASO de ESTUDIO"
Print #1, "Masa de la Pick Up [kg] =                    "; mp
Print #1, "Masa del Camion [kg] =                       de 3200 a 8200"
Print #1, "Energia de Deformacion [kNm] =               ";EDDE/1000
Print #1, "Factor de Friccion Esperado (camion) [ ] =   "; fcE
Print #1, "Factor de Friccion Espedado (pick up) [ ] =  "; fpE
Print #1, "Distancia de Frenado pre-impacto Esperada [m] =  "; dc01E
Print #1, "Distancia de Frenado post-impacto Esperada [m] = "; d12E

' Impresion de las Soluciones Factibles ---------------------------------------
Print #1,"Error  Vc0[km/h]  Vc1[km/h]  V1[km/h] EDV[kNm]  fc  fp  dc01  d12  mc"

For I = 1 To 60
   contador = contador + 1
   Print #1, Using "######.###"; Mat(I, 1) * 1;
   Print #1, Using "########.#"; Mat(I, 2) * 3.6; Mat(I, 3) * 3.6; Mat(I, 4) * 3.6;
   Print #1, Using "##########"; Mat(I, 5) / 1000;
   Print #1, Using "#######.##"; Mat(I, 6); Mat(I, 7);
   Print #1, Using "########.#"; Mat(I, 8); Mat(I, 9);
   Print #1, Using "##########"; Mat(I, 10)
Next I
Close (1)
'CIERRE DEL ARCHIVO DE CRITERIO ***********************

End
```

B.

SOLUÇÃO CONVENCIONAL

VS. METODOLOGIA PROPOSTA

B.1 Soludon Convencional

O sistema de equações a resolver é obviamente o mesmo que o apresentado na Secção 4.7:

$$V_1 = [2\ g\ d_{12}\ (m_C\ f_C + m_P\ f_P) / (m_C + m_P)]^{0,5}$$
$$V_{C1} = (m_C + m_P)\ V_1 / m_C$$
$$V_{C0} = (V_{C1}^2 + 2\ g\ f_C\ d_{C01})^{0,5}$$
$$E_{D(V)} = 0,5\ m_C\ V_{C1}^2 - 0,5\ (m_C + m_P)\ V_1^2$$

A solução típica é tomar as três equações correspondentes a V_{e0}; V_{e1} e V1 e assumir que as variáveis mais simples (fc / fp / me / mp) e duas das variáveis obtidas do acidente (d_{12} e d_{C01}) são conhecidas. Como estas variáveis têm normalmente incertezas (especialmente no caso do camião, se o seu estado de carga for desconhecido), podem levar a gerar uma solução inadequada. Assim, apesar de termos três equações e três incógnitas (as velocidades), a solução pode tornar-se inconsistente, uma vez que, ao calcular a energia de deformação com base nas velocidades $E_{D(V)}$ determinadas pela quarta equação, esta não coincide normalmente com a energia de deformação determinada com base nos danos $E_{D(D)}$ dos veículos.

As equações do sistema a ser resolvido são as seguintes:

$$\begin{cases} V_1 = [2\ g\ d_{12}\ (m_C\ f_C + m_P\ f_p) / (m_C + m_P)]^{0,5} & \rightarrow V_1 \\ V_{C1} = (m_C + m_P)\ V_1 / m_C & \rightarrow V_{C1} \\ V_{C0} = (V_{C1}^2 + 2\ g\ f_C\ d_{C01})^{0,5} & \rightarrow V_{C0} \end{cases}$$

Como se trata de um sistema de 3 equações com 3 incógnitas, $V1$ V_{C1} e V_{C0} podem ser determinados.

Com base em V_{ci} e V_i, pode ser calculada a energia que deve ter sido consumida nas deformações durante o impacto:

$$E_{D(V)} = 0{,}5\ m_C\ V_{C1}^2 - 0{,}5\ (m_C + m_P)\ V_1^2$$

Com a equação correspondente a $E_{D(V)}$ é possível determinar a energia que deveria ter sido dissipada no acidente, mas esta energia deve ser igual à produzida nas deformações do camião e da carrinha. Esta igualdade não é normalmente conseguida e é prática comum ajustar os parâmetros manualmente (à mão) para tentar obter uma reconstrução consistente.

B.2 Metodologia proposta

Para evitar este trabalho manual - que na maioria dos casos reais só permite obter uma consistência aproximada, uma vez que muitas variáveis e equações devem ser tratadas simultaneamente - este trabalho propõe uma metodologia matemática que permite, com rigor científico, obter os melhores resultados possíveis com base na informação disponível.

A solução proposta, para resolver estas incertezas, baseia-se no conceito de otimização discreta, que consiste em propor as mesmas equações que correspondem ao modelo matemático, mas agora f_C; f_P; d_{12} e d_{C01}, às quais se acrescenta mc porque se desconhece a quantidade de carga do camião, serão variáveis independentes ou de projeto (**X**). Estas serão variadas dentro de um intervalo definido pelo perito, de acordo com as caraterísticas do problema analisado, e com elas serão determinadas as variáveis dependentes (**Y**).

Esta metodologia requer a inclusão de um funcional, que neste problema foi estabelecido como uma equação de erro, definida com base nos erros que aparecem entre os valores esperados/estimados de acordo com os critérios do perito e os calculados para cada combinação de variáveis de projeto. As soluções viáveis serão armazenadas num ficheiro denominado "ficheiro de critérios", que apresentará de forma ordenada os resultados obtidos (começando pelas combinações que geram os erros mais baixos).

O perito analisará o ficheiro de critérios e adoptará as soluções ditas satisfatórias, iniciando um processo iterativo que termina quando todos os resultados obtidos são coerentes com toda a informação disponível e com os critérios do perito.

C.

OUTROS TRATAMENTOS

C.1 Introdução

As partes desejam frequentemente saber qual a velocidade máxima ou mínima de um dos veículos envolvidos num acidente,

Uma estratégia simples para lidar com este tipo de pedido é ordenar as soluções obtidas com base na velocidade de interesse, em vez de dar prioridade à minimização do erro. É importante notar que ao dar prioridade a uma variável específica, aceita-se uma maior margem de erro noutras variáveis do modelo.

C.2 Velocidades mínimas

Para poder ordenar o ficheiro de critérios de acordo com as velocidades da mais baixa para a mais alta, é apenas necessário fazer uma ligeira alteração na rotina de ordenação. O número da coluna associado ao funcional deve ser substituído pelo número correspondente à coluna de interesse (no caso do estudo, o 1 deve ser substituído por um 2 na linha ***If)***. Esta simples alteração no índice da matriz permitirá obter a lista de soluções ordenadas de acordo com a velocidade desejada.

```
'ORDENAMIENTO SEGUN Z (funcional) ***************************
For I = 1 To Cont - 1
  For J = I To Cont
   If Mat(I, 1) > Mat(J, 1) Then
   If Mat(I, 2) > Mat(J, 2) Then
    For K = 1 To 10
     AUX = Mat(I, K)
     Mat(I, K) = Mat(J, K)
     Mat(J, K) = AUX
    Next K
   Else
   End If
  Next J
Next I
'FIN DEL ORDENAMIENTO SEGUN Z ******************************
```

Depois de efetuar esta alteração, obtém-se:

Error	V_{C0}	V_{C1}	V_1	$E_{D(V)}$	f_C	f_P	d_{C01}	d_{12}	m_C
0.227	*90.4*	*72.2*	*45.1*	*242*	*0.40*	*0.80*	*29.0*	*14.5*	*3200*
0.190	90.5	72.4	45.2	244	0.40	0.76	29.0	15.0	3200
0.226	90.6	72.2	45.1	242	0.40	0.80	29.5	14.5	3200

Quadro C.1: Ficheiro de critérios - v_{C0} Velocidades mínimas

Ao analisar o ficheiro, é evidente que, para atingir a velocidade mínima, o coeficiente de atrito entre o camião e a estrada teria de ser 0,4 (limite inferior do intervalo analisado), enquanto o coeficiente de atrito da pick-up teria de ser 0,8 (limite superior). O erro nestas condições é significativamente maior do que o da solução identificada no Capítulo 4. Para obter resultados mais fiáveis, os intervalos destas variáveis devem ser alargados para evitar que se encontrem nos seus extremos. No entanto, para simplificar a análise, assumiremos que os valores da Tabela C.1 se manterão mesmo após o alargamento dos intervalos. Nestas condições, pode concluir-se que o baixo coeficiente de atrito entre o camião e a estrada implica condições de aderência muito fracas, possivelmente devido a travões defeituosos ou a um pavimento extremamente escorregadio, mas como ambos circulavam no mesmo pavimento, uma estrada escorregadia com um coeficiente de atrito elevado como o da pick-up não é consistente em princípio, pelo que a decisão satisfatória neste caso poderá ser verificar a eficácia dos travões do camião e fazer uma determinação experimental do coeficiente de atrito na zona do acidente. Uma vez obtida esta informação, deve ser efectuada uma nova iteração com estes dados, continuando o processo recomendado.

Neste caso particular, pode não ser necessário executar um novo ciclo depois de fazer as perguntas acima referidas, uma vez que, mesmo em condições extremas, a velocidade do camião determinada foi de 90,4 km/h, o que é superior ao limite máximo de 80 km/h. No entanto, o perito deve avaliar se os benefícios da obtenção de resultados mais exactos justificam o custo e o tempo associados a uma nova iteração que envolva a recolha de dados adicionais.

C.3 Velocidades máximas

Para ordenar o ficheiro de critérios por velocidade, da maior para a menor, basta fazer um pequeno ajuste na rotina de ordenação. Só é necessário substituir o número da coluna que indica o critério de ordenação. Em vez de utilizar a coluna 1 (funcional), será utilizada a coluna 2 (velocidade VC0). Além disso, o sinal de comparação na condição ***If*** do ciclo de ordenação será alterado de ">" para "<". Estas simples alterações permitirão obter a ordenação pretendida:

```
'ORDENAMIENTO SEGUN Z (funcional) ************************
For I = 1 To Cont - 1
  For J = I To Cont
  If Mat(I, 1) > Mat(J, 1) Then
  If Mat(I, 2) < Mat(J, 2) Then
   For K = 1 To 10
    AUX = Mat(I, K)
    Mat(I, K) = Mat(J, K)
    Mat(J, K) = AUX
   Next K
  Else
  End If
   Next J
Next I
'FIN DEL ORDENAMIENTO SEGUN Z **************************
```

Ao executar o programa, no qual as modificações acima mencionadas foram introduzidas, obtém-se

Error	V_{C0}	V_{C1}	V_1	$E_{D(V)}$	f_C	f_P	d_{C01}	d_{12}	m_C
0.227	*109.7*	*75.7*	*47.2*	*266*	*0.80*	*0.40*	*31.0*	*13.5*	*3200*
0.173	109.6	75.6	47.1	265	0.80	0.46	31.0	13.0	3200
0.189	109.3	75.1	46.9	262	0.80	0.44	31.0	13.0	3200

Tabela C.2: Ficheiro de critérios - Velocidades máximas de v_{C0}

Ao analisar estes dados, verifica-se que, para atingir a velocidade máxima calculada, é necessário que os coeficientes de atrito atinjam novamente os limites dos seus intervalos, embora desta vez invertidos (0,8 para o camião e 0,4 para a pick-up). Como no ponto anterior, a solução satisfatória passa por conhecer a eficiência de travagem do camião e os coeficientes de atrito entre os veículos e o pavimento. Com esta informação, o processo iterativo pode ser continuado.

C.4 Observações

Nesta secção, descrevemos como proceder quando se tenta determinar valores mínimos ou máximos de um parâmetro que não é o funcional. Embora tenha sido proposta uma abordagem específica, esta não abrangeu todas as alternativas possíveis que o perito poderia considerar em função do seu julgamento e conhecimento do acidente. Esta abordagem foi escolhida porque o principal objetivo deste capítulo foi apresentar a metodologia, sem entrar em todos os pormenores possíveis.

Finalmente, é importante salientar que os resultados obtidos mostram que, em todas as condições analisadas, e especialmente na condição de velocidade mínima, o camião excedeu sempre o limite de velocidade estabelecido de 80 km/h, respondendo assim à questão colocada no objetivo definido no ponto 4.2.

REFERÊNCIAS

[1] Roggero, E. (2024). Reconstrução Eficiente de Acidentes de Trânsito. AJEA. Num. 34/2024: 4º Congresso sobre Meios de Transporte e Tecnologias Associadas. ISBN: 978-950-42-0238-7

[2] Aycock, E. (2015). Fundamentos de reconstrução de acidentes: um guia para entender as colisões de veículos. Speakeasy Marketing, Inc. ISBN 13: 9781941645246

[3] Roggero, E. (2010). La Reconstruccion de Accidentes de Transito - Breve Resena Metodologica. Conselho Profissional de Engenharia Mecânica e Eléctrica. COPIME - A Revista. ISSN 1668-5857

[4] Roggero, E. (2010). Reconstrução de Acidentes de Trânsito - Metodologia e Exemplo de Aplicação. Conselho Profissional de Engenharia Mecânica e Elétrica. Anais do evento: COPIME - Congressos do Bicentenário.

[5] Roggero, E. Cerocchi, M. (2007). Experiência Artificial - Aplicação ao Projeto de Estruturas Espaciais. AATE. Anales del IV Congreso Argentino de Tecnolog^a Espacial.

[6]

Printed by Books on Demand GmbH, Norderstedt / Germany